修复我们的地球

BRINGING BACK OUR TUNDRA

走进苔原

（美）迈克尔·里根（MICHAEL REGAN） 著

董莉 王荣昌 译

上海科技教育出版社

图书在版编目（CIP）数据

走进苔原/（美）迈克尔·里根（Michael Regan）著；董莉，王荣昌译．—上海：上海科技教育出版社，2020.4

（修复我们的地球）

书名原文：Bringing Back Our Tundra

ISBN 978-7-5428-7174-9

Ⅰ．①走… Ⅱ．①迈… ②董… ③…王 Ⅲ．①冻原－青少年读物 Ⅳ．① Q948.15-49

中国版本图书馆 CIP 数据核字（2020）第 012052 号

目录

研究西伯利亚苔原的科学家尼基塔·齐莫夫(Nikita Zimov)。

第一章

苔原，最寒冷的自然环境

2011 年 4 月，尼基塔·齐莫夫异常焦急地跳上载有 6 头加拿大马鹿的卡车。他必须尽快从西伯利亚南部的主要城市新西伯利亚市赶到北极小镇切尔斯基，与他的父亲谢尔盖·齐莫夫（Sergey Zimov）会合。车程长达 4000 千米。他的时间非常紧迫，因为随着夏季的临近，作为西伯利亚北部冬季道路的冰冻河面即将解冻。他沿着蜿蜒的河道急速行驶，沿途经过许多白色木质十字架。每一座十字架代表着一名死于当地的司机。

两周后，在距离目的地仅 40 千米的地方，由于卡车的刹车失灵，齐莫夫撞上了雪堆，卡车翻车。幸运的是，齐莫夫和 6 头加拿大马鹿都没受伤。他打电话向父亲求救，在筋疲力尽、饥寒交迫地等待 4 个小时后，他和加拿大马鹿终于得救了。

谢尔盖·齐莫夫在展示甲烷如何被储存在冰冻的湖面下。

恢复苔原

由于气候变化，北极苔原成为世界上生态最脆弱的地区。

——谢尔盖·齐莫夫，西伯利亚北部东北科学站生态学家，2015 年

为什么尼基塔·齐莫夫要冒这么大的风险运送 6 头加拿大马鹿呢？因为这些动物是进行苔原实验的关键。齐莫夫父子以及其他来自世界各地的科学家，一直在进行这项研究。他们发现地球北极的永冻层，即苔原上的永久冻土层蕴藏了超过 1 万亿吨的二氧化碳和甲烷。这两种气体是保证地球温度适宜人类生存的两种含碳化合物。然而，当前气候变化导致气温升高，使得苔原冻土开始融化。随着永冻层的融化，封存在其中的巨量二氧化碳和甲烷可能会释放到大气中，进一步加速全球气候变化。

20 多年来，谢尔盖·齐莫夫一直致力于一项实验。该实验试图把目前覆盖着苔藓和地衣的冻土恢复到 13 000 多年前猛犸象和剑齿虎出没的草原状态。齐莫夫相信，恢复苔原表面的植被将使永冻层与外界隔绝，从而防止永久冻土融化，进而可以防止碳元素被释放到大气中。齐莫夫和其他科学家正在试验通过放牧诸如加拿大马鹿、驯鹿、野马、野牛、麝牛等动物，以恢复苔原原有的植被。

地下永冻层近 450 米厚。

这就是所谓的回归自然。该实验在俄罗斯东北科学站进行。该科学站占地约 140 平方千米。

回归自然

回归自然的最初想法是1998 年由苏莱(Michael E. Soulé)和诺斯 (Reed Noss) 在《回归自然和生物多样性》这篇文章中提出的。他们提出通过重新引入大型食肉动物来恢复大片荒野地区。俄罗斯荒野保护专家谢尔盖·齐莫夫提出让大型食草动物重返苔原以减缓永冻层融化。食草和食肉动物回归自然的计划需要在大范围区域内实施，才能发挥保护永久冻土的功效。从长远来看，这两种动物都是维护生态平衡必需的物种。生态平衡了，苔原上草地的持续生长才能实现。

雅库特马是生活在东北科学站的一种大型食草动物。

2015 年谢尔盖·齐莫夫的实验在小范围内取得了成功。在一个占地约 0.5 平方千米的保护区内，青草代替了原有的苔原植物。70 只食草动物正在帮助阻止永冻层融化。与树木和地衣相比，青草能够更高效地反射夏季持续的日照，从而避免地面温度升高。在寒冷多雪的冬季，食草动物在雪地上来回走动，使之成为一个不良绝缘体，雪下的地面因此暴露在北极寒冷的空气中。它们还会将雪清除，以便能够吃到被雪覆盖的草。测量数据显示，放牧地区的永冻层比未放牧地区的永冻层温度低 2℃。根据尼基塔·齐莫夫的研究，这 2 度的温差足以帮助永久冻土层维持冰冻状态。

高山苔原

高山苔原主要分布在世界各地的高海拔山区。人们在秘鲁境内的安第斯山脉、尼泊尔境内的喜马拉雅山脉、加拿大和美国境内的落基山脉的高海拔地区都发现了高山苔原。树木无法在那里生长。例如在北极苔原，只有矮小的植物可以存活。山羊、加拿大马鹿和土拨鼠等动物也可以在高山苔原生存。

有效的解决方法还是白日梦

谢尔盖·齐莫夫的实验在苔原保护领域极具开创性。由于他的实验目标是为了保护苔原永冻层，因此实验区域需要进一步扩展。数以百万的大型食草动物需要被重新引入西伯利亚的苔原。这需要几十年的时间才能实现。同时，需要多个国家共同努力，防止永冻层中的碳灾难性地释放。2015 年，阿拉斯加费尔班克斯大学的生态学家蔡平（Terry Chapin）指出，保护永冻层的有效方法目前只有两种：一种是减少全球温室气体的排放；另一种是实施齐莫夫的方法——恢复苔原生态。

苔原研究站

东北科学站成立于 1989 年。谢尔盖·齐莫夫和他的儿子尼基塔·齐莫夫负责科学站的运行。除科学家外，尼基塔·齐莫夫的妻子、三个孩子和其他家庭成员也住在科学站里。该科学站的地理位置为进入俄罗斯苔原开展科学研究创造了便利条件。

什么是苔原

苔原是一种不生长树木的地貌，主要存在于北极圈内和全球高山高寒地区。其地表主要生长着矮草、莎草（或沼生植物）、非禾本草本植物和小灌木。在北半球，北极苔原横跨加拿大北部、阿拉斯加、西伯利亚、格陵兰岛和斯堪的纳维亚半岛的部分地区。在南半球，苔原覆盖了南极岛屿、智利的高海拔山脉、智利南部地区和阿根廷。科学家通常将苔原根据南北半球划分为北极苔原、南极苔原，以及存在于高海拔山脉上的高山苔原。

苔原可能是地球上最年轻的生物群落之一。生物群落是指地球上某一区域已适应该地区气候的动植物总称。目前科学家认为，苔原形成于距今约 1 万多年的第四纪冰期。苔原面积占地球表面积的 20%。

苔原的冬季一般持续 10 个半月。在北半球，苔原的冬季通常从 9 月下旬一直持续到来年的 6 月初。苔原的冬季极为寒冷，导致苔原部分土壤被永久冻结。在北极苔原，每年都有一段时间完全没有太阳光照。冬季平均气温介于 -29℃到 -34℃之间。地球南北两极地区夏季短暂，每天日照时间可长达 24 小时。但是当地夏季只持续 6—10 周。即使在夏季，苔原的气温也不会高于 12.2℃ 。夏季温暖的阳光会融化被称为苔原活动层的表层土壤。苔原的夏季供养了许多生态系统。沿着湖泊、河边分布的潮湿的莎草生态系统养育了莎草。远离湖泊或河流的潮湿地区长出了小灌木、苔藓和地衣。干燥的高地生态系统多岩石，土壤排水性好，小灌木和地衣也能生长。许多动物，如迁徙的雁、北美驯鹿，以及一些鸣禽只在夏天到访苔原。

在漫长的冬季，苔原上许多植物处于休眠状态。

昆虫

夏季苔原还会迎来一位骚扰所有其他动物的访客——蚊子。在持续的阳光照射下，苔原表层土壤开始融化。但是由于地表平坦，地表之下结冰，较深的地层不能吸收水分，积水的地表成了蚊子完美的繁殖地。随着夏季的持续，苔原上蚊子的数量激增。虽然许多鸟类以它们为食，但数量众多的蚊子还是会不停叮咬在苔原生活的哺乳动物和在此居住或工作的人类。

众多国家关注苔原保护

加拿大、美国、俄罗斯和斯堪的纳维亚半岛的非政府组织、大学里的科学家和政府机构都在关注气候变化对北极和高山苔原的影响。加拿大野生动物保护协会也在研究减少影响的可行性方法。该协会与北极理事会合作开展项目，研究气候变化对苔原动植物的各种影响。北极理事会由领土处于北极圈内的国家共同建立，是一个国际政治组织。它鼓励加强对苔原生态的保护力度。

各国政府和非政府组织为保护苔原与世界各地其他生态系统所作的努力都遇到了阻力。一些石油开采公司和采矿公司，以及小型国有龙头企业反对政府的各种规定，对政府的保护措施提出了强烈反对。这一情况在美国尤为突出。部分原因在于一些人不同意气候变化是由人类活动导致的。因此，他们也不愿意采取任何行动遏制气候变化。

然而，北极变暖的速度比地球上其他任何地区都要快。例如，阿拉斯加北坡的气温在过去的 60 年中升高了 3℃。相比之下，整个地球表面平均温度在上个世纪只升高了 0.7℃。无论原因是什么，苔原永冻层的融化都会释放出大量的温室气体，加剧气候变化，给地球上的所有生命带来灾难。保护苔原、防止永冻层融化，对维护地球宜居环境至关重要。

温室气体排放导致全球变暖

2006 年，一部名为《难以忽视的真相》的纪录片提高了公众对气候变化危机的认识。电影表明气候变化是人为造成的，可能导致工业文明的毁灭。2007 年，联合国政府间气候变化专门委员会 (IPCC) 发布了一份报告，指出全球气温上升与大气中温室气体浓度增加直接相关。2014 年，IPCC 进一步指出，持续的温室气体排放可能会对人类造成严重的、不可逆转的危害。IPCC 由来自世界各地的数千名独立科学家组成。IPCC 和电影《难以忽视的真相》的编剧兼主演、美国前副总统戈尔 (Albert Gore) 凭借在气候变化方面的研究工作荣获 2007 年诺贝尔和平奖。

碳汇

苔原是地球上重要的碳汇区域之一。碳汇是一种自然系统，这一系统从大气中吸收的碳元素总量高于它释放的碳元素。最大的碳汇是植物、海洋和土壤。植物利用二氧化碳进行光合作用。当根系生长、死亡或树叶飘落到地面时，其中蕴含的碳元素会转移到土壤中。苔原冻土中储存了大量的二氧化碳和甲烷。

几千年来，自然界中的碳汇使大气中的碳元素含量能够保持平衡。但在 19 世纪工业革命期间，当工厂开始大量燃烧煤炭时，这种平衡被打破了。过量的碳排放导致大气温度升高。到了 20 世纪，石油开采、毁林造田以及运输过程中化石燃料的使用，都加剧了这一问题。如今，升高的气温使苔原永冻层融化，释放出碳元素。苔原现在释放出的碳元素远高于它吸收的碳元素。为了减缓气候变化，一些科学家建议增强植物、海洋和土壤的碳封存功能，从大气中清除多余的碳元素。

科学家也在研究如何人工捕获并存储碳元素。通过人工碳封存，就可以在碳元素产生的地方捕获碳元素。这些碳元素有时被封存在深海某处。海水的压力和温度可以封存碳元素，并使其溶解到海水中。人工碳封存成本高、能耗高，其有效性并未经测试。有些人认为停止燃烧化石燃料才是减少大气中碳元素最简单的方法。

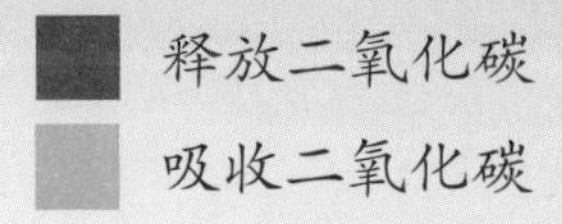

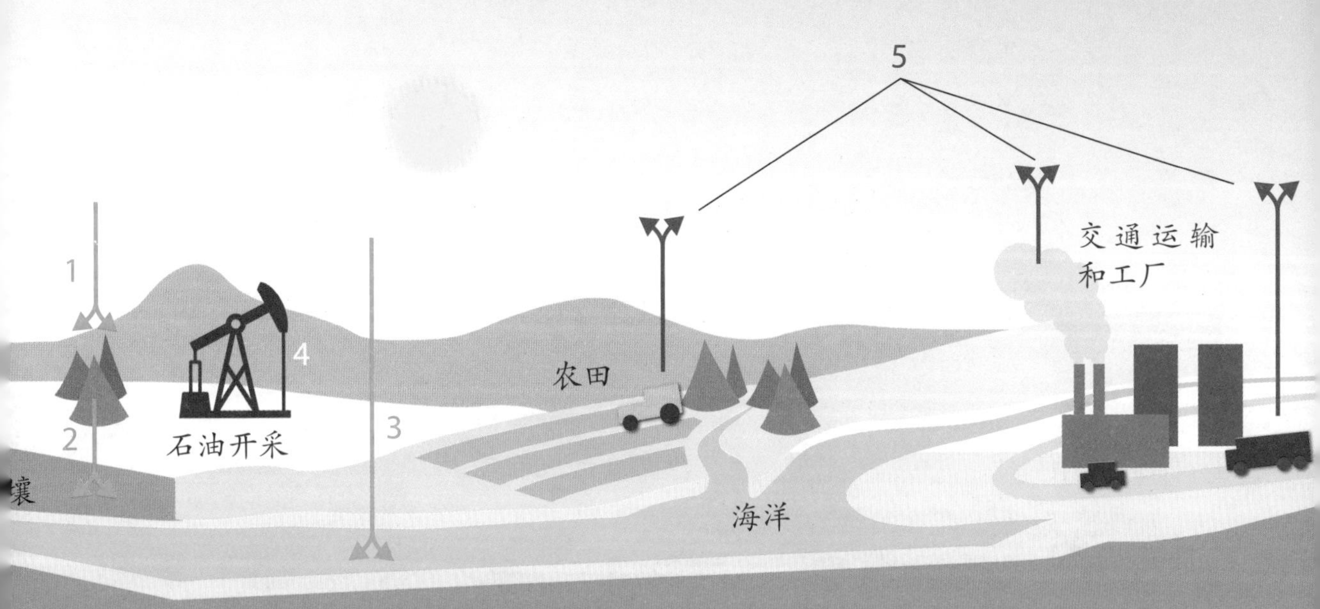

1. 植物吸收二氧化碳。

2. 二氧化碳被转移到土壤中存储。

3. 海洋吸收二氧化碳。

4. 在地球漫长的历史演变过程中，被存储于地下的二氧化碳因石油开采而被释放出来。

5. 燃烧化石燃料来为农场清理土地、为汽车和工厂提供能源，会向大气中释放大量的二氧化碳。

石油或天然气开采等人类活动会严
重破坏脆弱的苔原生态。

第二章

苔原的现状

由于苔原的自身因素和外部因素，苔原上的动物、植物、陆地和海岸生态都面临着巨大的风险。人造建筑、动物的过度捕杀和对地表的破坏及污染，都在破坏着苔原生态。气候变暖、物种入侵，以及对候鸟迁徙路线和其他动物越冬区域的威胁，都损害了北极苔原的生态健康。

2016 年北极年度报告

2016 年，美国国家海洋大气局发布了一份关于北极苔原的研究报告。报告指出，北极苔原地区气温升高的速度是世界其他地区气温升高速度的 1 倍。北极苔原平均气温已经达到 1900 年有记录以来的历史最高值。自 20 世纪初至今，北极地区的平均温度已经升高了 3.5℃。

绿色北极

北极正经历着冬季逐渐缩短、春季逐渐延长的变化。植物生态学家贝克（Pieter Beck）和其他科学家们一起研究了气候变暖和降雪减少对苔原的影响。研究结果表明土地将变暖，灌木和较高大树木的自身体积和生长面积都会增长。整个生物群落将变得更绿，非本地植物也会迁入。这些变化可以影响整个地球。随着北极变暖，气候模式也会发生改变。诸如大型飓风和暴风雪等极端天气可能会更为频繁地在人口密集地区出现。阿拉斯加安克雷奇大学的韦尔克博士（Jeffrey Welker）和他的团队已经将北极的变化与美国东北部冬季暴风雪的变化联系起来。随着北极变暖，气流变得不稳定。寒冷的北极空气进入美国东北部，将北极地区的降雪带到了美国。

北极地区是全球气候变化的晴雨表，如同世界的环境预警系统。

——特普费尔（Klaus Töpfer），联合国环境规划署执行主任，2004 年

2016 年的卫星云图显示北极苔原在夏季变得越来越绿。过去，苔原植物的生长季通常为 50—60 天，而现在格陵兰岛上植物的生长季延长了 30—40 天，增加了近 1 倍。这意味着苔原植物在夏季吸收了更多的二氧化碳，但是苔原地表也释放出更多的温室气体。总体效应还是增加了大气中温室气体总量，进而加速了全球气候变暖。

脆弱的冻土

苔原的永冻层似乎非常坚固稳定，即使在短暂的夏季，也只有薄薄的表面活跃层会融化。然而，全球气候变暖、越野车行驶、道路建设、采矿作业、石油和天然气开采等都降低了永冻层的稳定性。这些活动导致了永冻层内部冰层升温并融化。这种融化会导致苔原表层塌陷，使更深层的冰处于融化危险中。而永冻层中更深层的冰中含有大量温室气体，会因为冰层融

化被释放到大气中。

北极牧民看到的变化

温暖的气候正在重塑苔原的自然景观。苔原通常寒冷且没有树木。气候变化可能导致来自温带地区的树木可以在苔原生长。苔原原有的灌木也变得更加高大。最早注意到这些变化是在欧亚北极地区放养自家驯鹿的牧民。牧民们说他们不能像以前那样在家门口观察自家的驯鹿了，因为居住地周围的灌木丛越长越高。

约 30 年前，苔原灌木的高度从未超过 1 米。现在，在芬兰和西伯利亚西部之间的地区，灌木的高度已经变为原有高度的 2 倍，足以遮挡一头驯鹿。

阿拉斯加永冻层正在融化

在阿拉斯加，80% 的地表下都存在永冻层。阿拉斯加 70% 的地区都出现了由于永冻层融化导致的地面不均匀沉降。科学家估计，在未来 20 年里，这种不均匀的沉降将使阿拉斯加额外花费 36 亿—61 亿美元来维护道路、建筑、管道、机场，以及供水和污水系统。

冷却的道路

公路会导致永冻层融化。简单地清除植被和修建路堤就能使地表下的冻土升温。这导致修路一旦完成就会产生沉降和损坏。同时还将向大气中释放更多的温室气体。在阿拉斯加一段较短的高速公路施工过程中所采取的各类措施证明，人们可以在施工中避免永冻层升温。

筑路工程师与阿拉斯加大学的科学家们共同努力研发相关技术，以确保道路下方的永冻层保持冰冻状态。目前，一种技术是使用通风系统，让热空气进入寒冷的北极空气中，从而将冷空气吸入路基，来保持冻土层低温。另一种技术是制造相关设备，在冬季从永冻层中提取热量，然后将其释放到北极的空气中。还有一个策略是在最寒冷的冬季筑路。公路路面逐层建造，使每一层路面在铺设下一层之前都完全冻结。这种技术避免了在夏季铺建公路时，将热量导入永冻层的问题。

加拿大育空地区的一些苔原公路使用通风管道来保持永冻层的低温环境。

卫星云图和现场科学考察证实了牧民们的观察。科学家们相信，随着时间的推移，该地区的持续变暖将使森林向更北方的苔原蔓延。这种森林扩张最终可能导致更大范围的土壤升温和永冻层融化。

2013 年，俄罗斯北部放养驯鹿的牧民们差点掉入一个巨坑里。在不到一年的时间里，牧民们又发现了两个巨坑。其中一个直径 4 米，深 100 米。起初，没有人知道这些巨坑是如何形成的。然而，据当地村民说，在第一个巨坑被发现之前，他们在该地区看到了烟雾，然后天空中出现了一道闪光。关于这些巨坑的成因存在多种解释，包括小行星撞击、地下导弹爆炸或者气候变化。俄罗斯科学家库什托娃（Ama Kurchatova）认为：苔原中永冻层的融化，使存储在其中的气体包爆炸，形成了巨坑，最终释放出存贮在其中的二氧化碳和甲烷气体。

苔原不均匀地冻结和融化，形成了独特的地貌。

位于俄罗斯亚马尔半岛不同寻常的巨坑。

阿拉斯加的村庄正在融化

位于阿拉斯加北部海岸的萨里切夫岛的气候正在持续变暖。伊努伊特的伊努皮亚特部落住在萨里切夫岛上的希什马廖夫村。几十年来，村民们见证了气候变暖如何改变了海岸上的海冰和陆地上的永久冻土。由于海冰和永久冻土的融化，村民们的整栋房子都沉入海中。当地居民不得不转移到更安全的地方。

甲烷

当人们燃烧化石燃料时，会产生甲烷气体。甲烷和二氧化碳都是温室气体。当它们被释放到大气中时，都会吸收热量。然而，甲烷比二氧化碳吸收的热量更多。在 20 年的时间里，甲烷吸收的热量比二氧化碳吸收的热量高 86%。从长远来看，甲烷对气候变化的快速影响几乎是不可逆转的。

海冰的消失使得狩猎和捕鱼变得非常困难，导致村民们无法收集足够的食物过冬。2016 年 8 月，村民们投票决定自救：离开家乡，搬到大陆生活。他们被迫放弃了传统的生活方式。根据美国政府问责局的一项调研，阿拉斯加其他 31 个村庄也面临着相似的命运。

苔原遭受的其他威胁

2015 年，阿拉斯加遭遇了史上最严重的野火季节。在火灾季节结束前，

对格陵兰冰盖的测量已经持续了 37 年。2016 年，格陵兰冰盖的春季融化期提前来临，成为有历史记录以来第二早的春季融化期。

超过 20 000 平方千米的苔原和森林被烧毁。

通常，阿拉斯加苔原每年过火面积约 4050 平方千米。科学家们担心由于苔原干旱、永冻层融化、积雪减少，全球气候变化可能在未来导致更为严重的山火。而树木和其他植物燃烧会向大气中释放大量的碳元素，势必增加全球本已在不断上升的温室气体排放总量。

海盗河

2016 年异常温暖的春季给加拿大育空地区造成了巨大的变化。冰川迅速融化，冰水在冰川上刻出一道峡谷。峡谷改变了冰水流动方向。冰水形成的河流原本应汇入北部的白令海，却改道流入了阿尔塞克河，最终汇入南部的太平洋。科学家称这种现象为海盗河。这次河流改道仅用了几个月的时间。科学家们对河流的突然改道感到震惊。因为通常这样的变化需要经过数千年的时间。气候变化是此次河流改道的罪魁祸首。

除永冻层融化外，其他活动和因素对苔原造成的危害也在逐渐显现。南极和北极的臭氧空洞使得更强的紫外线能够穿透大气层，对苔原造成破坏。

永冻层融化和海岸侵蚀摧毁了阿拉斯加希什马廖夫村的房屋。

南极遇到了麻烦

很少有人永久居住在南极洲，所以几乎所有问题都源于环境。南极西部半岛是地球上气候变暖最快的区域之一。由于主要的食物来源——磷虾正在消失，南极的企鹅数量也在逐渐减少。科学家指出：气候变化正在加速南极冰盖的消融。在一些地区，大量的冰川正在融化。2017 年，一块相当于特拉华州大小的冰块从南极洲的一个冰架上整体脱落。科学家们无法直接将冰架的断裂与气温升高联系起来，但他们担心这预示着南极冰架即将消失。冰川的融化直接导致冰藻数量减少，而冰藻是磷虾主要的食物来源。

扬尘和人类活动导致的空气污染也污染并损害了苔原植被。许多动物以受污染的植物为食。采矿、开采石油和天然气，以及修建和使用公路，都会干扰野生动物的迁徙路线，并对苔原表层造成破坏。

2017 年一项关于南极洲水资源的研究表明，南极洲正在发生的冰川融化比科学家预想的还要严重。哥伦比亚大学拉蒙特—多尔蒂地球天文台的这项研究，使用了 20 世纪 70 年代初的卫星图像和 20 世纪 40 年代末至今的航拍照片。研究人员认为，冰川融化产生的冰水会进一步加速南极冰川的消失。这势必影响南极洲周边的海洋和陆地生物。此外，南极洲绿色植被的数量正在逐渐增加。研究人员在这片冰封大陆的北部半岛上发现了快速生长的苔藓。科学家通过研究土壤样本得出结论：在过去的 150 年里，南极苔藓的生长速度提高了 4—5 倍，其主要原因就是气候变化。

目前，对苔原生态系统的破坏可能导致全球其他地区的气候和地理变化。开展地方及区域生态保护项目，加强国际合作，仍然可以减轻已

自 20 世纪 60 年代以来，南极北部半岛的苔藓总量持续增加。

经造成的破坏。同样的努力也有助于全球适应目前无法解决的气候变化。

我认为用“危机”这个词是恰当的。

——伊拉斯谟斯（Bill Erasmus），加拿大北极地区阿萨巴斯坎委员会代表，描述苔原所遭受的破坏，2009 年

一些伊努伊特人居住在格陵兰岛的努克地区。

第三章

苔原的价值

在2010年代，北极曾是400多万人的家园。气候变化对北极的影响比全球其他地区都更为严重。因此，与居住在其他地区的人相比，北极当地居民能更强烈、更直接地感受到这种影响。北美的伊努伊特人以北极为家，而北欧、俄罗斯和斯堪的纳维亚则是萨米人的家园。50多个不同的原住民族群生活在北极，其中至少有40个族群居住在俄罗斯北部地区和阿留申群岛。一些地方已经建立了保护区，那里的居民延续着祖辈传统的生活方式。

苔原承载的价值

自20世纪初以来，考虑到苔原作为野生动物的栖息地及其生态美学价值，北极苔原被划为国家公园或自然保护区。几千年来，北美驯鹿、麝牛、北极熊、北极狐、雪鸮、旅鼠、候鸟等动物都在苔原上生存繁

驯鹿

披着厚厚的抗寒皮毛的北美驯鹿（角鹿）在苔原上迁徙。宽大的鹿蹄不仅使驯鹿可以在雪地和沼泽上畅行无阻，挖到厚厚雪层之下的食物，还有助于驯鹿游泳。北美驯鹿可以横渡宽阔冰冷的河流，因为它们的皮毛能够抵御冰冷的河水。

衍。苔原一直是这些动物的栖息地，而保护栖息地就是在保护这些野生动物。只有保护苔原独特的地质和自然景观，人类及子孙后代才有机会欣赏到苔原的美景。

苔原的价值还体现在它对调节全球气温方面的重要作用。苔原也兼具重要的科研价值。苔原生物群落对科学研究至关重要。研究苔原，有助于科学家了解自然环境及人为因素导致的各种改变。苔原为人类提供了学习和了解自然环境和动植物多样性的宝贵机会。

然而，许多人对苔原蕴藏的丰富自然资源虎视眈眈。除非人们非常小心地保护苔原，在苔原上开采诸如石油等自然资源都会严重破坏苔原环境。在苔原地区开展人类的运动狩猎和娱乐活动，如徒步旅行、露营和摄影，一方面有助于提高公众对苔原的了解，另一方面也会导致野生动植物栖息地被破坏，阻碍人类对苔原的保护。

北极生态保护区面临的挑战

2010 年，北极地区设有 1100 多个自然保护区，总面积 350 万平方千米。有些人误认为这些保护区的建立足以保护北极地区的整个生物群落。然而事实上，北冰洋生态几乎没有受到任何保护。保护区总面积的 40% 属于格陵兰国家公园。

增设保护区面临的挑战之一是资金问题，如人工费用和管理运行费用。此外，还必须严格执行相关法律法规，并得到保护区当地政府及中央政府的支持。北极政治和地理的特殊性使得在北极地区增设生态保护区困难重重。

最近，人们对在北极增设生态保护区的必要性提出了质疑。这一质疑也成为北极生态保护面临的新挑战。在过去，由于北极的生态保护区非常偏远，除了少量的本地居民外，几乎无人关注其价值。然而，近年来北极蕴藏的丰富自然资源吸引了来自石油、天然气、矿业、林业和运输企业的关注。由于这些公司能够提供

苔原植物

由于永冻层的存在，苔原植物根系的生存空间非常有限。尽管如此，苔原上仍然生长着 1700 多种植物。虽然一些开花植物、草本植物、禾本科植物能在苔原的气候下存活，但苔原上最普遍的植物还是小灌木、藻类、地衣、真菌和苔藓。它们都是紧贴地面、植株生长紧密的小型植物。小而紧密的生长有助于它们抵御寒冷的气候以及被风卷起的冰雪。贴近地面生长更有利于它们在夏天生长，吸收更多的热量。这些植物为生活在苔原，或迁徙到苔原的动物提供了食物。

就业机会，并带来经济收益，因此允许这些公司进入保护区开采资源的呼声日益强烈。目前，人们面临的一大难题是如何平衡保护环境与持续提供就业并创收。

北极的保护区

北极生态保护区是整个保护项目的核心。20 世纪初瑞典和阿拉斯加最先在北极区域设立生态保护区。此后，整个北极地区又增设了 1125 个陆地和海洋生态保护区。这些保护区对于保护当地生态的作用非常明显。然而，它们的设立有时会与当地居民诸如猎捕海豹或北极熊等传统习俗和生活方式发生冲突。为了实现生态保护的目标，保护区的管理必须将当地传统的生活方式考虑在内。

利益冲突

气候变暖已经成为苔原及其居民面临的最大威胁。北极地区气温的上升速度比地球上其他任何地方都要快。但是，不同利益之间的矛盾已经直接影响到苔原的保护效果。关注于保护苔原生态，防止永冻层融化并释放更多温室气体的人，与想从苔原的自然资源中获利的人，开始了一场争斗。科学事实和合理的论据似乎并没有在这场正在持续的争斗中发挥作用。因为双方都固守己见，拒绝谈判。这最终导致苔原的保护效果完全取决于哪一方的影响力和权力更大。

例如，2008—2016 年奥巴马（Barack Obama）总统执政期间，气候变化法规的制定与执行被视为重中之重。政府颁布了更加严格的空气质量标准，减少了汽车和工业的温室气体排放。为加强全球温室气体减排，各国成功协商并在 2009 年提交《哥本哈根协议》草案，2015

年通过《巴黎气候协定》。

2017 年以后，特朗普（Donald Trump）政府突然改变工作重心。当年 3 月，特朗普总统签署了一项行政命令，限制政府对气候变化等相关法规的执行力，从而降低了企业遵守相关法规的难度。特朗普希望企业能因此创造更多的就业机会。特朗普还宣称美国将退出《巴黎气候协定》。

加拿大的情况正好相反。加拿大北部有大片苔原。2006—2015 年，加拿大前总理哈珀（Stephen Harper）领导保守党执政。他禁止科学家与媒体联系。他领导的政府削弱了环境保护法规，减少了环境保护研究经费。科研经费的削减使得科学家无法持续跟踪研究导致北极苔原永冻层融化的巨大环境变化。

特鲁多（Justin Trudeau）成为加拿大总理后，从 2016 年初开始逆转加拿大政

北极国家野生动物保护区

1960 年，美国总统艾森豪威尔（Dwight D. Eisenhower）在阿拉斯加设立了北极国家野生动物保护区 (ANWR)。ANWR 是地球上最不受外界干扰的地区之一。这一保护区主要是苔原地貌，生活着成群的驯鹿、北极熊、麝牛。阿拉斯加原住民部落以这些动物为生，在那里生活了 12 000 多年。

ANWR 为当代人和子孙后代保护了这一地区的动物和植物。1980 年，美国国会和总统卡特（Jimmy Carter）将该保护区面积扩大到 79 000 平方千米，并将大部分保护区设定为“荒野”，即这个地区必须保持自然原始状态。这一规定有效禁止了该地区石油、天然气和其他矿物的开采。然而，美国国会可能会在未来撤销相关禁令，允许在保护区内开采石油和天然气。

195 个国家签署了《巴黎气候协定》。

府在气候变化问题上的立场。为应对气候变化，他建立了一个包罗万象的加拿大框架（泛加拿大清洁发展以及气候变化框架计划）。此外，他率领代表团出席了联合国气候峰会，以表明加拿大政府将参与应对全球气候变暖的立场。他还开始针对自然资源项目制订新的环境法规。这其中就包括同原住民协商影响其生活的项目。比起单纯的经济效益，特鲁多政府更为重视保存和保护自然环境。

保护苔原的最大障碍之一是世界各地的国家、企业和组织之间未能通力合作。许多国家已试图制订国际合作协定来共同应对这一挑战。但截至 2017 年初，共同应对气候变化的措施只有在较小范围内得以实施。

加拿大政府要么对所有环境保护行为全面攻击和仇视，要么对环境问题视而不见。不管其根源是什么，我想在加拿大历史上从未出现过类似的情况。

——戈里（Mellssa Gorrie），加拿大环境保护组织负责生态正义的律师，针对加拿大政府 2006—2015 年对于环境保护采取的一系列行动发表的声明

食物网

2007—2009 年，在北极和南极地区开展了一项大型科学研究。这项研究名为“北极狼”——连接北极脆弱的生态系统的野生动物观测网。其目标是研究气候变化如何影响苔原食物网。来自 9 个国家的 150 多名科学家和学生参与了这项研究。他们的研究对象广泛，涉及从苔原内部永冻层到飞过头顶的鸟类。

研究团队发现：当苔原上大型食草动物的数量减少时，食物网就会发生变化。加拿大国家公园发现，由于气候变化，进出公园区域的北美驯鹿数量正在减少。雨后的地面结冰或冬季融雪结冰减少了驯鹿进入园外的冬季进食点的机会。因此，这一地区的动物主要为以更小动物为食的狐狸、猫头鹰等，而不是通常以苔原植物为食的北美驯鹿或麝牛。

他们还发现，在一些地区诸如旅鼠之类的小动物是最主要的食草动物。它们也是北极狐、红狐、鹰、猎鹰、猫头鹰、黄鼠狼，甚至灰熊最喜欢的猎物。这些食肉动物通常控制着旅鼠的数量。然而，冬季的气候对这些动物的食物供应影响越来越大。大量积雪通常意味着旅鼠数量上升。由于气候变暖，降雪减少、冬季融雪和结冰使得旅鼠更难在雪中挖洞保温并躲避捕食者。大量旅鼠可能会死亡，进而导致北极狐可能需要寻找新的食物来源，例如北极雁等鸟类。这些鸟类只在夏季飞到北极繁殖和养育后代。换句话说，温暖的气候意味着旅鼠数量减少，意味着饥饿的食肉动物数量减少，也导致鸟类数量的减少。

苔原食物网的一条食物链是狼吃北美驯鹿，北美驯鹿以苔原植物为食。另一条食物链涉及较小的动物。旅鼠以苔原植物为食，北极狐则以旅鼠为食。

保护诸如落基山国家公园这样的苔原地区，可以防止生态系统遭到破坏。

第四章

苔原的保护

尽管对苔原的保护任重而道远，许多有志人士和组织已经成功地实施了对部分苔原的保护。保护苔原生态最行之有效方法，就是在破坏发生之前就阻止一切可能的破坏行为。美国设立自然保护区已有 100 多年的历史。世界野生动物基金会、国际自然保护联盟(IUCN)、自然保护协会等非政府组织向各国提供援助。这些组织已经确定了需要开展保护工作的区域，并提供管理方法和经济方面的支持。

各类国际组织一直在主张保护苔原生态的团体与主张利用苔原自然资源的利益集团之间的争斗中斡旋。双方的冲突始于 19 世纪。一方想限制人类对保护区的开发和利用，另一方则想从保护区中获得更直接的经济利益。无论是保护苔原还是开发利用苔原，最重要的是确保大众利益得以体现，而不仅仅满足某一团体或少数人的利益。要实现利益公平，一种方法是在创建保护区时，先确定其承载的价值。这些价值包括水、森林等自然资源价值，以及美学或文化价值。IUCN 建立了一个 6 级分类标准，用于在全球范围内确定保护区的各种价值。这一标准明确了不同的生态保护区的管制级别。目前每个北极国家都使用多种标准和管制来保护他们的苔原。

严格自然保护区和荒野地保护区

IUCN 设定的 6 类保护区的第一类是“严格自然保护区和荒野地保护区”。这一类保护区保护当地动植物的多样性、自然风貌和特色景观。此类保护区内的人类行为受到严格限制。荒野地保护区通常占地面积较大，比较原始，一般没有永久居民。此类保护区的设立是为当代人类和后代保留原始自然环境。此外，保护区还可以保存过去与自然有关的文化和精神价值。这可能包括一个具有精神意义的地标或一群人赖以生存的某一动物物种。只有对该区域影响较小的科学研究或教育活动可以在严格监管下实施。

挪威的斯瓦尔巴群岛就属于这类保护区。该群岛被认为是欧洲仅存的荒野地保护区之一。2001 年，挪威政府为保护该地区制订了《斯瓦尔巴群岛环境保护法》。对该地区的任何决策都不得破坏当地受到保护的俄罗斯、乌克兰和波兰移民以及挪威当地人的自然环境和文化遗址。

芬兰国民最喜爱的苔原

2017 年，为庆祝芬兰独立 100 周年，芬兰自然保护协会敦促芬兰民众为子孙后代选出 100 个重要的自然保护区。项目被命名为“100 颗芬兰自然明珠”。该项目负责人苏西洛马（Heikki Susiluoma）确认其中一颗明珠就在苔原上，那就是位于拉普兰北部地区，拥有高泥炭丘景观和永久冻土的利托苔原。另有 3 颗明珠部分位于苔原内，即伊纳里湖、凯特凯丘陵和索拉萨，也受到芬兰人民的高度重视。

国家公园

第二类保护区是国家公园。国家公园保护具有独特景观、动物或植物的区域。国家公园相关法律规章没有第一类保护区那样严苛。政府鼓励人们在国家公园中接受生态教育、陶冶情操、强健体魄。

格陵兰国家公园是世界上最大的国家公园。但是由于其地理位置偏僻，并不是一个典型的国家公园。除了气象站的工作人员和驻扎其中的一小支丹麦武装部队以外，该地区无人居住。大多数到访者是科学考察或航海探险队的成员。无论出于何种目的进入国家公园，访客都需要得到政府许可。美国科罗拉多州的落基山国家公园和加拿大的谢米里克国家公园是内部包含北极或高山苔原的国家公园的典型。

自然纪念物保护区

IUCN 确立的第三类保护区是自然纪念物保护区。这类保护区占地面积通常相对较小，但访客却有浓厚的兴趣。此类保护区也有一些可能面积较大。洞穴、岩层、水下洞穴和火山门都属于这一类保护区范畴。对某些宗教团体意义非凡的宗教圣地和对文化传承至关重要的场所也属于此类保护区。

克鲁森施滕角国家自然纪念物保护区位于阿拉斯加西北部与楚科奇海接壤的海岸。这里是许多动物的家园。在夏季，大量的候鸟从世界各地飞来筑巢。在海滩周围的苔原上可以看到麝牛。但这个海角最著名的还是超过 114 个沿着苔原存在的海滩沙脊。每个沙脊都由海浪留下的沉淀物经过漫长的历史逐渐形成。当一个沙脊到达海浪再也无法冲刷的高度时，就会形成一个新的沙脊。克

斯匹次卑尔根岛是挪威斯瓦尔巴群岛中最引人注目的自然景观之一。

考古发现

2015 年，克鲁森施滕角国家自然纪念物保护区的一项考古研究获得美国国家公园管理局(NPS) 颁发的优秀奖。这一项目持续了 6 年多，发现了 4000 年前当地人与周围环境如何共处及彼此间如何沟通的新证据。该项目展示了 200 代伊努皮亚特人如何成功地适应阿拉斯加西北部不断变化的环境。

鲁森施滕角国家自然纪念物保护区保护了当地生态环境的同时，也保护了当地的传统文化。当地居民会住在最外围的沙脊上，随着新沙脊的形成而向外移居。科学家们可以用他们留下的各类证据来判断沙脊形成的年份。这些滩脊大约形成于 9000 年前。当地的伊努皮亚特人在夏季会扎营捕鱼、捕猎海豹和白鲸，并采集其他食物。他们的族群延续了这样传统的生活方式至少 4000 年。

生境和物种管理保护区

生境和物种管理保护区的设立用于保护或恢复具有地方、区域或国际重要性的植被或动物。IUCN 确定的第四类保护区包括海洋捕鱼区或驯鹿栖息地。如果没有人类的干预，许多这类受保护的地区将会消失。人们可以参观此类保护区，了解动植物栖息地和各项保护措施。

苔原上生长着 400 多种花卉。

阿拉斯加西南部就设有这样一个保护区。人们发现狼严重威胁着北美驯鹿的数量。2002—2007 年间，北美驯鹿一个种群的数量从 4200 只锐减至 600 只。在

2007 年的一个繁殖月份中，没有观测到新生驯鹿幼崽。野生动物保护学家发现，驯鹿有充足的食物且繁殖正常。然而，狼在驯鹿繁育地区周边筑窝，杀死了新生驯鹿幼崽。生物学家经过 3 年的捕杀，将狼的数量减少了大约 50%，北美驯鹿的数量也恢复到了以前的水平。狼并没有被完全消灭，只是确保捕食者和猎物的比例变得更加平衡。

陆地和海洋景观保护区

IUCN 的第五类保护区是受保护的陆地和海洋景观。这一类保护区的设立源于人类试图在自然保护和人类活动之间取得平衡。这类保护区自然景观秀美，具有不可替代的文化和精神价值。在这一类保护区中，可以开展娱乐和旅游活动。

乌木巡逻队

世界野生动物基金会和俄罗斯万卡列姆当地居民创建了“乌木巡逻队”(Umky Patrol)。Umky 在楚科奇语中是北极熊的意思。人们和北极熊共同生活在俄罗斯海岸附近的一座岛上。设立巡逻队的目的既是为了保护当地居民，也是为了保护北极熊。巡逻队护送孩子们上学，密切关注北极熊动向，并向当地居民通报实时情况。此外，该项目还帮助当地居民参与对北极熊和其他动物的科学研究。

保温和防寒

许多动物整个冬季都在冬眠。而苔原因冬季温度过低，这里的动物无法冬眠。苔原植物为这些动物提供能量。苔原动物最重要的适应性之一是控制热量的流失。动物的皮肤能在极冷的温度下迅速散热。随着温度下降，身体热量流失会加剧，裸露的皮肤会迅速导致动物因体温过低而死亡。

有些动物通过较小的表面积和体积比来适应苔原寒冷的环境。这意味着它们的体形相对较小：腿短且耳朵小。例如北极狐，体重只有 2.9—7.7 千克，耳朵和吻部都很短。

皮毛或羽毛也可以防止身体热量的流失。蓬松的皮毛或羽毛容纳空气。由于空气是热的不良导体，这减缓了动物热量的流失。在温暖的夏季，冬季的“大衣”过于保暖。所以像麝牛这样多毛的动物在夏季会脱毛。鸟类不会褪毛，它们蓬松的羽毛可以隔绝空气，在冬季起到保温的作用。鸟类不会在温暖的天气里抖松羽毛。北极熊有厚厚的隔热皮毛，它们富含油脂并能防水。这使得北极熊在游泳时能够保持皮肤干燥。它们的皮毛里还有一层厚厚的脂肪可抵御严寒。

有些动物通过增加运动量来保持体温，如跑步、挖洞和发抖都有利于保温。为了散热，一些动物像狗一样喘气。就像出汗使人类感到凉快一样，通过使舌头上的唾液蒸发也会使动物感觉凉爽。

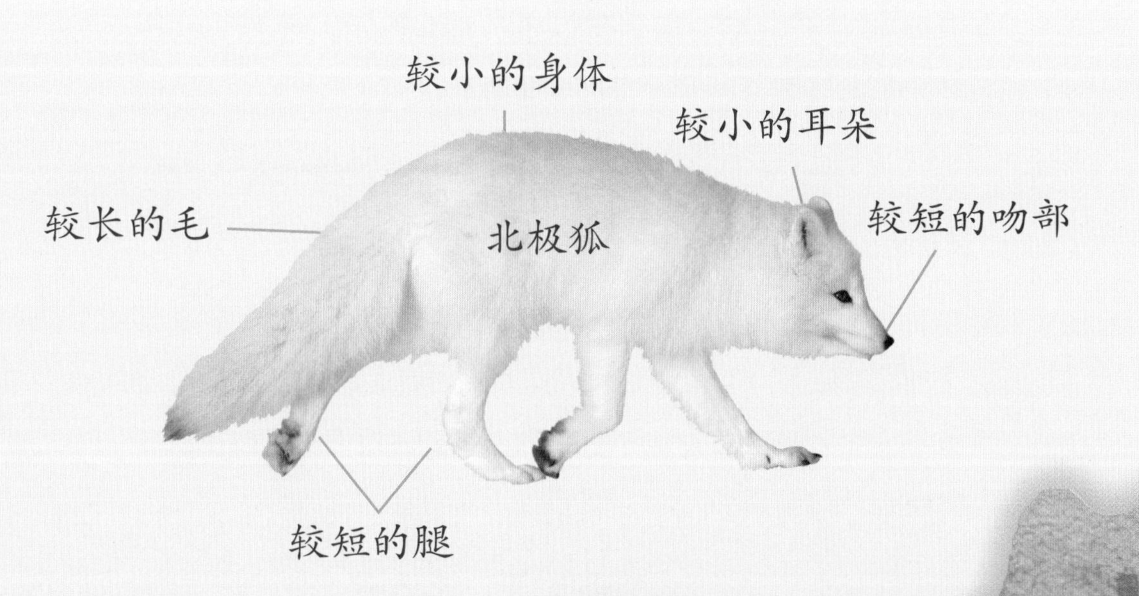

与赤狐对比，北极狐对苔原的适应性是显而易见的

俄罗斯的堪察加半岛就是这样一个保护区。当地庞大而多样的生态系统中既有北极苔原也有高山苔原，该地区生态受到了非法捕鱼等肆意的人类活动和火灾的威胁。全球环境基金、联合国开发计划署与俄罗斯联邦自然资源和环境部已启动合作项目以保护该地区。

该项目的目标是通过严格执法减少偷猎、开发环保设施和项目、鼓励当地居民用新的方式替代原有的破坏环境的生产生活方式。该项目的结果令人鼓舞。当地建立了三个游客中心并配备了工作人员。他们教导游客保护生态，并为学校、企业和公众举办生态保护教育活动。尽管保护区内的偷猎行为有所减少，但保护区外的偷猎数量却逐渐增加。偷猎的根源在于当地缺少就业机会。没有偷猎，部分当地人就无以谋生。为了解决就业问题，生态旅游公司和游客中心等对环境保护有利，并且能够创收的行业现在都开始雇佣当地人。

有人居住的保护区

IUCN 设定的最后一类保护区是资源管理保护区。这类保护区通常占地面积很大，对公司和当地居民都有经济利益。当地政府和外部利益集团达成协议，在保护大部分现有生态环境的前提下，允许开展采矿、石油开采或捕鱼等活动。

游客在堪察加半岛可以看到热气腾腾的间歇泉。

尼泊尔高山苔原上的安纳布尔纳峰保护区就是这样一类自然保护区。安纳布尔纳峰保护区设立于 1986 年，是尼泊尔第一个也是最大的保护区。保护区内有世界上最深的河谷和一个拥有 6000 万年化石遗迹的山谷。保护区内还有世界上面积最大的杜鹃林和世界上海拔最高的淡水湖。安纳布尔纳峰地区多种文化并存，至少有 6 个独特的文化族群生活在该地区，每个族群都使用自己的语言。

所有这些独特之处使安纳布尔纳峰保护区成为一个旅游胜地。但游客使用的木柴总量是当地居民木柴使用总量的两倍。这导致森林资源保护压力加大。不可回收垃圾的数量也正以危险的速度增长。

为了平衡当地生态保护需求、居民生计需要和游客满意度，当地实施了一项旅游管理计划：推广替代能源，使用木材的替代品，并推广木材燃烧效率更高的方法。这一项目帮助当地居民管理旅游行业，发展当地的旅游经济。

所有这些措施都防止了对苔原的进一步破坏。他们还鼓励利益各方共同合作。政府和地方组织已经联合起来保护当地重要的自然文化景观。

甘杜克村的古隆人居住在安纳布尔纳峰保护区内。

来自铁路的大块垃圾散落在野生鹿群出没的苔原上。

第五章

苔原的清理

事实上，有些苔原生态已经受到了破坏。防止对苔原生态更为严重的破坏已经不足以维持苔原生态健康。垃圾和其他物品不会从苔原上自行消失。人们必须采取措施来清理苔原。

20 世纪 80 年代初，人们修建了一条横穿加拿大不列颠哥伦比亚省北部的落基山脉，进入野鹿活动区域的铁路。这条铁路穿过两条长长的隧道抵达终点：一个煤矿。由于靠近水电站大坝和输电线路，这条铁路成为北美地区为数不多的一条电气化货运铁路。然而，煤矿最终被废弃，该铁路于 2003 年停运，但残留物仍然影响着铁路沿线。

北欧狼獾和山地社团

北欧狼獾和山地社团是一个志愿者组织。该组织致力于在加拿大塔布勒岭附近开展徒步旅行和越野滑雪。该社团的目标之一是鼓励人们参加不使用机动车的户外娱乐活动。

该组织赞助了几场大型越野跑比赛，推动了当地的旅游经济发展。北欧狼獾和山地社团致力于提高人类对环境的尊重，同时为人们提供在自然界中娱乐和旅游的机会。

在两条铁路隧道建成后，还建造了两座大型塔楼。每座塔楼内部都安装了大量电池。两座塔自然也被废弃了。常年的冬季暴风雪和狂风毁坏了两座塔楼。金属片、聚苯乙烯泡沫塑料和电池被吹落在高山苔原上。居民们担心，随着时间的推移，电池会泄露有毒有害化学物质。无人知晓当地苔原是否已经吸收了这样的化学物质。

十年来，当地居民一直试图找出塔楼的建造者，以及谁应该对遗留下的烂摊子负责。最终，当地居民、北欧狼獾和山地社团会员、塔布勒岭联合国教科文组织全球地质公园，以及黄石—育空保护区的成员倡议联合起来对该地区进行清理。他们租用了一架直升机，在当地志愿者的帮助下收集电池及其他废弃物，并把它们运出高山苔原进行妥善处理，确保该地区植物和野生动物有更安全的生活环境，让驯鹿可以在更安全的苔原上进食，鱼类可以生活在更加洁净的河流中。

污染问题

过去，人们没有认识到苔原的价值，不顾后果地倾倒垃圾，威胁着苔原生态系统。垃圾不仅破坏了苔原美丽的风景，削弱了人们旅游的兴趣，也危害到当地动植物。

从事苔原动植物研究的科学家似乎应该是最尊重原始生态的访客。但是在南极的乔治国王岛上事实并非如此。2013 年，德国科学家们在一份报告中指出：在南极国际研究中心，工作房正在解体、垃圾成堆、海岸沿线到处漂浮着石油。在某些区域，堆积的垃圾可以追溯到 1968 年。

一架直升机将垃圾运出野鹿苔原，进行妥善处置。

车辆驶离规定的道路，车轮破坏了脆弱的苔原植被。有毒化学品、油罐和旧汽车电池被遗弃在露天的低洼地区。有些科学家不经意间把非本土原生的植物或动物带到岛上。这些外来“访客”对科学家们研究的环境构成了威胁。在南极洲的其他地方，一些大型可下沉的设施，如抛锚的车辆，被遗弃在海冰上。到了夏天，海冰融化，这些车辆便沉入海里。有些垃圾甚至被带到南极内陆，扔进深深的冰缝中。

尽管对于如何处置研究基地的垃圾有明文规定，但没有人严格遵守这些规定。虽然在德国人的这份报告公布后，成千上万吨垃圾被清除，但乱扔垃圾的现象仍在继续。报告的

生锈的铁桶被遗弃在乔治国王岛岸边。

杀死熊的人类食物垃圾

在美国科罗拉多州落基山国家公园的高山苔原上，人类的食物垃圾给当地的熊和游客都带来了麻烦。熊对食物非常执着。它们可以把保险杠从汽车上扯下来，把车窗玻璃砸破以获得美味的人类食物。善于制造麻烦的熊一旦习惯了人类的食物，就会锲而不舍地搜寻。如果不能彻底将熊与人类食物隔绝，为了阻止它们继续寻觅人类食物，有时只能射杀熊。防止熊接近人类食物的一种方法是使用特殊的垃圾桶。这种垃圾桶的盖子上有特制的把手，熊无法将其打开。这些垃圾桶是美国自然保护区的标准配置。游客禁止给熊喂食，必须把垃圾投入专门的容器里，这成功阻止了熊学习进食人类食物。国家公园的游客可以把食物存放在远离营地的防熊容器中。在户外用餐时，游客视线不能离开食物，也不能留下食物或食物包装。所有带入公园的物品必须和游客一起离开。

作者呼吁将研究中心区域划为南极特别管理区。在该区域内执行更严格的具有法律约束力的相关规定。尽管由于各国在规定的内容方面存在分歧，导致人们对相关规定的可执行性存有疑虑，但是目前人们已经开展定期的环境监控，以确保所有科研行为符合当地环保规定。许多科研基地为了减少对天然气和柴油发电机的需求，已经改用风能和太阳能等替代能源。现在，当地的陆地和海洋生态环境都得到了更好的保护。

阿拉斯加石油管道泄漏清理工作

并非所有的苔原清理工程都是在苔原环境被破坏几十年后才实施的，有些清理项目几乎与破坏行为同时进行。2009 年 11 月 29 日，英国石油公司的一条输油管道结冰导致石油堵塞，造成了输油管 0.6 米宽的裂缝。超过 17.4 万升的石油和水喷洒到输油管下方的阿拉斯加苔原上。由于气温极低，泄漏并没有扩散太远。但是苔原生态处于危险之中，泄漏的石油会对脆弱的苔原造成数十年的损害。此外，泄漏的石油还可能蔓延至普拉德霍湾，污染海水，危及海洋生物。

事故当日，英国石油公司开始对事故进行环境影响评估，并制定了清理计划。第二天，公司筑起了一道防止石油进入海湾的雪脊，并开始收集被石油污染的雪。清理工作包括用蒸汽将厚厚的垃圾弄散，以便用真空吸尘器把它们收集起来。工人们用手提钻凿开被污染的冰。重型设备铲起石油和冰，然后用卡车运走。据英国石油公司一位发言人说：清理工作相当有效。他们清理掉大部分油污。但是石油下方的苔原植物已经在石油收集过程中遭到破坏。为了恢复当地的生态环境，英国石油公司还需要实施更缜密的苔原修复计划。

如果不进行深刻的政策引导性变革，垃圾对乔治国王岛环境的负面影响在未来几年将更加严重。

——彼得（Hans-Ubrich Peter），耶拿大学生态学家，在一篇关于南极洲乔治国王岛上垃圾的报告中写道，2013年

石油泄漏和爆炸

英国石油公司对在美国生态敏感地区发生的石油泄漏和爆炸事故并不陌生。2006年，阿拉斯加普拉德霍湾发生了该公司所在地有史以来最大的石油泄漏事故。公司为此支付了2000多万美元的罚金。6年后，公司又支付了6600万美元的追加罚款。2010年4月20日，位于墨西哥湾深水地平线钻井平台发生爆炸，造成11名工人死亡。这是美国历史上最大的海上石油泄漏事件。英国石油公司预计，到2019年，这起事故造成的损失约为620亿美元。2011年7月16日，该公司位于普拉德霍湾的利斯本油田发生漏油事故，导致石油泄漏到阿拉斯加苔原上，公司为此付出了更多的代价。

阿拉斯加北坡的输油管道横贯整个阿拉斯加地区。

第六章

苔原的修复和复原

清理苔原使生活在其中的动植物提供了安全的环境。但是，一些苔原的生态系统受到了严重破坏，必须采取更严格的保护措施。某些苔原地区已经被人类活动彻底破坏。没有人为干预，这些苔原永远无法恢复原状。阿拉斯加北坡许多地区就是这类情况。在 2005—2015 年间，当地苔原生态系统因开山采石、铺设公路、修建机场、漏油事故，以及埋设电缆等人类行为而遭到严重破坏。100 多处苔原需要进行人为修复。

修复苔原

人为干预恢复苔原生态系统健康有两种方法。一是修复苔原。修复苔原是完成对苔原全面的修补工作，使植物和动物能够再次在苔原生存。这些动植物不一定是苔原未受到破坏之前的原生物种。齐莫夫父子在东北科学站开展的工作就是修复苔原的实例。

在阿拉斯加北坡，导致苔原生态受损的石油公司与阿拉斯加州政府合作，制定了包含修建砾石路、矿井和山路的苔原修复指南。联邦政府、州政府、石油行业协会，以及当地机构，从阿拉斯加苔原的经济价值和自然生态价值方面，全面评估了这一指南。

因石油开采而被清除了植被的苔原地区，在开采结束后很长时间内都完全无法恢复。

汽车轮胎会对苔原造成永久性的损害，并且使苔原地表直接暴露在夏季较高的气温里，进而加剧了永久冻土的融化。

其中一项指南涉及防止地震尾迹造成的破坏。为了在陆地上寻找石油，人们使用了专用的地震勘测车。勘测车上装载着沉重的板块。板块振动产生的地震波在地层中传播，遇到含有石油的岩石会反弹回来，由卡车上的监控仪器进行测量。一旦发现石油，就会建立钻井平台，进行石油开采。重型勘测车在苔原上行驶，对脆弱的苔原造成了很大的破坏。一种解决方案是使用低压轮胎和履带式车辆，以减少对苔原表层植被的破坏。另一种解决方案是如果没有充足的降雪覆盖苔原表面，为减少低压轮胎或履带式车辆对苔原地表的破坏，石油勘测活动将减少或被取消。

另一项指南是在石油泄漏后修复苔原，挖出并移走受石油污染的土壤，然后把碎石放进取走土壤的坑洞中，覆盖上从其他地方运来的泥土。人们发现，这种方法在帮助苔原植物再生方面非常成功，由于必须人工铺平土壤，这一方法成本很高。一个地区一旦得到修复，就可能成为一个全面的苔原复原项目。

阿拉斯加北坡

阿拉斯加北坡是阿拉斯加北部的一个地区，从布鲁克斯山脉的底部向北延伸至北冰洋，也被称为北极北坡。20 世纪 60 年代末，在普拉德霍湾附近发现了大量石油。此后 10 年间，人们建成了一条 1300 千米长，从南海岸到北海岸贯穿整个阿拉斯加地区的输油管道。2003 年一份关于北坡石油开采的报告指出，由于恶劣的气候减缓了苔原自我修复的速度，加之石油公司在已完成石油开采的地区几乎没有进行任何生态修补工作，当地苔原正在遭受持续的破坏。

复原苔原

生态复原通常是修复一个地区生态健康的第二步，这包括恢复生态破坏前的原始动植物，恢复原有的生态平衡。生态复原比生态修复更为困难，但是从长远角度考虑，生态复原对保持生态健康更为有益。

阿拉斯加苔原上持续的石油开采使得复原苔原变得更为紧迫。石油开采破坏苔原表层，使下方的永久冻土融化。冻土融化会导致地面下沉，地表坍塌，极大地阻碍了新植物的生长和原生动物的回归。一些人试图通过引进非本地植物来修复当地苔原生态。但这些植物不能适应苔原非常短暂的生长季。它们无法在生态已被破坏的苔原长期生长。因此，常见的苔原复原方法是移植苔原草皮。

阿拉斯加的伊努皮亚特人长久以来一直使用着苔原草皮。长老霍普森（Charles Hopson）运用已知的关于苔原草皮的传统知识，发明了一种能有效修复受损苔原的方法。这种方法移栽由成熟的本地植物构成的具有完整根系的草皮。这些草皮可以在短暂的生长季内在新的移植地点快速扎根。

草皮移植技术也面临诸多挑战。移植所需的草皮必须取自现有的苔原，人们只能从保护区以外的苔原上收集。有些需要移植草皮的区域车辆无法进入。人们利用滚轴设计了一个滑轨来移动面积较大的草皮。为了保持草皮土壤的湿度，草皮需要集中堆放。移植后还需要进行监控，以确保被移植的草皮能够存活。尽管

一片被复原的苔原应该拥有与受到破坏之前相同的植物和动物物种。

移植苔原草皮价格昂贵，工作量巨大，但其良好的效果有效地复原了受损的苔原生态系统。

2010 年，霍普森和他的员工清理了一块 1114 平方米的区域，这块区域曾在一次石油泄漏清理中受损。此前，石油公司曾试图在这块生态遭到破坏的区域重新种植苔原植被，但均以失败告终。移植的苔原草皮在一个生长季就使该地区恢复了生机。草皮移植的成功证明，即使在气候恶劣、生态系统脆弱的苔原，受到严重破坏的某一区域也可以在一年内实现生态修复。

在讨论苔原植物时，藻类、真菌和地衣常常被归为一类。然而，科学家并没有把它们归类为植物。正如它们名称是藻类、真菌和地衣一样，它们是独特的生命形式。

英国石油公司石油泄漏区域迫切需要生态复原。该公司制定了一项生态复原计划，其中就包括将苔原草皮移植到石油泄漏区域中。阿拉斯加环境保护部门批准了这一计划。2010 年夏天，英国石油公司将一片苔原草皮从一处在建工地移植到石油泄漏点，并对草皮长期维护，确保其能够在新移植地区持续生长。

草皮移植能使因石油泄漏和清理油污工作而被破坏的苔原植物健康地重生。漏油事故发生后，这些地区的生态系统将被监控 5 年。英国石油公司最终还解决了一起关于阿拉斯加北坡输油管线周边水域的民事诉讼。该诉讼要求英国石油公司为流入其北坡输油管道周边水域的石油支付赔偿。英国石油公司同意支付 45 万美元的罚金，但未承认公司存有任何不当行为。

阿拉斯加迪纳利国家公园和保护区金矿清理

石油和天然气开采并不是唯一在北极和高山苔原地区造成生态破坏的工业活动。1905 年，在阿拉斯加迪纳利国家公园和保护区的坎蒂什纳地区，淘金者蜂拥而至。最初的淘金热很快消散，但淘金行为却一直持续到 1985 年。有些矿工在河沙中筛来筛去寻找金子。有的挖矿，还有人用重型设备挖河床。而矿工们通常不会清理垃圾。NPS 在当地发现了废弃的营地、淘金设备、淘金破坏的洪泛区、堆积如山的过量开采的原料以及砷等有毒有害物质。

NPS 从 1989 年开始对该地区进行

苔原植物复原困难重重

在其他生态系统，如草原上进行传统的植物复原（如使用插种等技术）已经取得了相当大的成功。通常先对某一地区施肥，然后撒上草籽或苔原植物种子。在播种过程中，这些植物不借助外力就可以生长。而苔原的情况却并非如此。即便使用了化肥，在受到破坏的北极苔原上播种，也收效甚微。由于北极地区的强风和极低的气温，苔原植物如北极罂粟等的生长都非常缓慢。它们非常脆弱，一旦受到破坏，恢复的时间很漫长。

含酸废液从坎蒂什纳的一座废弃金矿中泄漏出来。

生态修复：将河床和其他地方恢复相对健康的河流生态环境。工人们运走了有毒有害的材料、废弃的设备和受污染的土壤。为防止水土流失加剧，他们还重建了受损的洪泛区，加固了河岸，并种植了有助于水土保持的植被。

坎蒂什纳山的生态修复工作相当成功。大多数河流的水质都得到了改善。河水更为清澈，但河床中仍有残留的砷。河岸的植被已经开始发挥水土保持的功效，防止了更多的泥沙被冲进河水中。其中有一条河流——北美驯鹿河，已被从《美国清洁水法案》的受损水域清单中移除。受损水域是指不符合安全水质标准的小溪、河流、湖泊或海域。一旦水质问题得到解决，该水体就会被从清单中删除。2011年至今，坎蒂什纳山其他地点的生态修复工程仍在继续。

坎蒂什纳淘金热

坎蒂什纳淘金热约始于更著名的1896年克朗代克淘金热8年之后，就发生在现今阿拉斯加的迪纳利国家公园和保护区。由于几乎同时发现了两处金矿，坎蒂什纳人蜂拥而至。到1905年，成千上万的淘金者聚集此地。短短几年，人们就清楚地认识到大部分黄金产区都由最先发现金矿的两名矿主控制。一夜之间迅速崛起的小城镇也同样迅速荒芜。到1925年，只有13名矿工成功淘到黄金。绝大多数淘金者都空手而归。

20世纪30年代，采矿技术发生了变革，直到第二次世界大战（1939—1945年）之前，坎蒂什纳仍然是一个成功的黄金产区。所有的金矿开采业务都被政府作为战时非必要产业而关闭。战后，坎蒂什纳的金矿开采一直持续到20世纪90年代初。该地区于1980年成为迪纳利国家公园和保护区的一部分，目前大部分的采矿权属于国家公园管理局。

斯瓦尔巴群岛是包括驯鹿在内的动物的家园。

第七章

来自苔原外部的威胁

位于挪威海岸附近的斯瓦尔巴群岛是原始的荒野地区。1995年，一家煤炭公司计划在岛上最大的苔原地区修建一条公路。这将是破坏当地苔原生态的众多建设项目中的第一个。

一些非政府组织和旅游团体发起了一场阻止修路的运动——“斯瓦尔巴荒野无路”运动。这一运动号召全体民众给挪威首相寄一张明信片，表明民众反对修建公路的立场。

寄给首相的 4000 多张明信片对挪威议会产生了巨大的影响。议会把斯瓦尔巴群岛的大部分地区划定为国家公园加以保护。这使得当地苔原及其自然景观免遭破坏。政府鼓励发展当地旅游业。游客支付的旅游费用将被纳入一个环境基金。该基金用于支持教育、文化遗产传承、自然保护、旅游管理和保护区相关研究项目。挪威政府及民众的行动使斯瓦尔巴群岛成为一个将自然价值与旅游业结合起来，保护生态的绝佳案例。

苔原入侵者

但人类并不是唯一危害苔原生态的物种。植物和动物也在攻击苔原生物群落。这些威胁苔原原有生态系统的物种被称为入侵物种。入侵物种是指从一个生态系统进入或被带入另一生态系统，并与新的生态系统中的原生动植物竞争的物种。

北美小雪雁的数量在持续增长。它们大量进食苔原植被，以至于只有它们无法进入觅食的隔离区域的地表才呈现出绿色。

外来物种入侵会导致整个苔原生态失去平衡。根据全球入侵物种数据库提供的资料，苔原地区共有 15 种入侵物种。狗、猫、黄鼠狼和赤狐都以旅鼠等小型动物为食，而旅鼠是苔原食肉动物的主食。苔原食肉动物，如北极狐和雪鸮的主食数量日益减少，它们的生存也变得愈加艰难。

黑额黑雁在某些地区已经成为入侵物种。这些过去只在短暂的夏季到访的客人，现在在苔原停留的时间越来越长。它们过度捕食苔原上的植物和昆虫，夺走了苔原原生鸟类和动物的食物。椋鸟是另一种与原生鸟类争夺食物和领地的物种。它们的繁殖速度极快，物种个体数量的增长速度远高于苔原原生物种。

北极理事会的一项独立研究发现，超过 12 种入侵植物已经迁移到加拿大的苔原。入侵物种威胁着苔原生态系统脆弱的平衡。幸运的是，各国政府和组织已经开始成功地清除或有效控制了入侵者物种。

在加拿大魁北克省北部的苔原上可以看到黑额黑雁。

树木的入侵

科学家预计到 2070 年，气候变化将导致斯堪的纳维亚半岛上乔木和灌木数量的增加。这些增长是以当地苔原生物群落的退化为代价的。如果没有树木，苔原的冬季降雪会将大部分热量从地面反射出去。但是树木和灌木吸收热量，使得苔原气候变得更加温暖。而气候变暖又加速了树木的生长。这样的循环还在继续。

以植物为食的动物，包括驯鹿等，可以帮助阻止树木的生长。每年 6 月和 7 月，驯鹿在苔原边缘啃食新生长的乔木和较高的灌木，这有助于清理苔原的地表植物。阻止树木入侵苔原将有助于减缓气候变暖趋势，也有助于保护苔原生态。

入侵苔原的猫

远离南非海岸的马里恩岛是南印度洋中属于苔原生态的群岛。该岛为南非领土。因为它远离大陆，岛上的鸟类、动物和植物的种类很少。由于缺乏生物多样性，本地物种非常容易受到外来物种的攻击。

1949 年，家猫被引入马里恩岛。人们最初把猫带到一个气象站来控制老鼠的数量。这些人根本不知道猫对岛上鸟类的喜欢远胜于老鼠。猫只有在抓不到鸟的时候才会捕食老鼠。这些猫导致岛上的一种鸟类彻底灭绝。当南非政府介入时，其他三种鸟类也濒临灭绝。

南非政府成功地清除了马里恩岛上所有的猫。岛上的猫被猎捕、投毒和射杀。政府还使用一种生物病毒来消灭岛上的猫。到 1991 年，岛上的猫全部被消灭。这是亚南极岛屿上第一次彻底消灭猫。消失的鸟类又回到了岛上。其他鸟类的数量也已经恢复。现在，另一种入侵物种——老鼠又成为被清除的目标。老鼠不仅破坏了苔原植被，还以某些对鸟类和苔原植被非常重要的昆虫为食。由于气候变化和猫的灭绝，岛上老鼠的数量似乎在激增。

松树是西伯利亚北极生物群落中的入侵物种。最初种植这些松树是为了增加森林覆盖率，并为一些动物提供栖息地。但是它们耗尽了当地苔原植物所需的营养物质，遮挡了苔原植被赖以生存的阳光。

跨国合作

欧洲的苔原地区位于斯堪的纳维亚国家瑞典、芬兰和挪威境内，并相互连接。这些国家相对较小，并且联系紧密。这一地区想要成功地实施苔原保护项目，必须仰仗两个或多个国家之间的合作。

对北极狐的保护就是跨国合作的一个成功案例。北极狐生活在斯堪的纳维亚北部的苔原地区。北极狐凭借着自身缓慢的新陈代谢、保温的皮毛、较小的体型，得以在苔原恶劣的气候下生存。北极狐的特征都有助于减少能量损耗。此外，北极狐还可以长时间不进食。

由于赤狐入侵苔原，北极狐的繁殖和生存都需要人为干预。

19 世纪初，斯堪的纳维亚半岛上生活着 1 万多只北极狐。在 19—20 世纪，北极狐因其美丽的白色皮毛而被大肆猎杀，数量急剧下降。1928 年，瑞典开始保护北极狐。1930 年挪威紧随其后，1940 年芬兰也加入了保护行列。但北极狐的数量并没有恢复，甚至没有增加。2011 年，挪威境内只有 80 只成年北极狐，瑞典只有 120 只，芬兰只有 6 只北极狐偶尔出现。北极狐被确认为极度濒危物种。这意味着在斯堪的纳维亚苔原上，北极狐有完全消失的危险。

北极狐数量恢复缓慢的原因之一是体型较大的赤狐正在进入苔原地区。赤狐的体型较大，耐寒性较差，这使得它们无法在北极狐的领地生存。但是随着气候变暖，赤狐现在同样可以在它体型较小的亲戚家里生存了。北极狐的生存变得愈加困难。

为了恢复苔原上北极狐的数量，挪威和瑞典率先开始实施一项三管齐下的救助计划。首先，他们开始重建已经灭绝或个体数量很小的北极狐种群。他们在人工饲养的环境下繁殖北极狐幼崽，然后把它们放归自然生存区域。在 2006—2011 年间，约 217 只北极狐幼崽被放归野外。超过一半的幼崽在第一年成功存活，它们的表现超出了所有人的预期。

救助计划的第二步和第三步必须同时进行。北极狐需要补充食物来维持生存和繁衍。但是为北极狐提供的食物也吸引了赤狐，于是人们

为防止被放归自然的北极狐幼崽找不到足够的食物维持生存，需要适当投喂食物，直到它们能够完全在自然界中觅得充足的食物。

将赤狐从北极狐的觅食区域驱逐。挪威和瑞典政府之间的合作有助于北极狐种群的恢复。尽管如此，2011 年斯堪的纳维亚地区北极狐的数量只有 200 只左右。当北极狐数量增加到 500 只以上时，对其的救助才算取得成效。

重要的是要预测哪些苔原物种面临的风险最大，并监测它们的种群数量。一旦发现它们的数量开始灾难性地减少时，我们就要通过圈养繁殖计划和其他支持措施对相关物种实施救助。

——迪涅茨（Vladimir Dinets），研究气候变化对野生动物影响的科研人员，在看到白令海峡自然景观的巨大变化后说道，2015 年

控制入侵物种

控制任何入侵物种有一个“三步走”方法，这一方法不只适用于苔原。第一步是防止外来物种进入本土。第二步是消灭一切已经入侵的物种。如果前两步都失败了，那第三步就是控制入侵物种的扩散并限制其数量。这三个步骤已经在挪威和其他许多正在对抗入侵物种的国家中得到应用。

挪威的奥耶尔筑坝集水发电。

第八章

苔原的前景

保护苔原及其永冻层可以防止全球气候变化的急速加剧。因此，世界各国都采取行动共同减少温室气体排放。冰岛、挪威、芬兰和瑞典已经开始减少本国温室气体的排放量。他们使用水力发电取代化石燃料。瑞典对石油供暖征税，并提供激励措施，鼓励能源生产商转型开发可再生的电能。

纯电动船

应对气候变化的一种方法是从使用化石燃料转变为使用电力，以为汽车、卡车和船舶提供动力。挪威一家名为雅苒的公司正计划利用电力为当地的集装箱运输船提供动力。这艘船不仅是纯电能驱动，其最终目标是实现自动驾驶。

雅苒公司的卡车在挪威各地运输产品。如果该公司每年减少使用 4 万次燃油卡车运输，将大大减少二氧化碳的排放。从公路运输改为海运也会使公路交通更安全，并减少了噪音和公路环境污染。

复原、保存或适应

尽管一些国家正在减少温室气体排放，但从某种意义上来讲，彻底恢复苔原生态也许是不可能实现的。有些人提出了停止对苔原保护的要求。波士顿大学的研究助理教授韦斯特（Catherine West）质疑保护和复原自然景观的目的究竟是什么。她刚刚完成对阿拉斯加岛上地松鼠是否具有攻击性的研究。岛上还有非原生动物如牛和北极狐。她提出："如果我们消灭了这些牛，当地就回归到牛这一物种到来之前的状态。但那里还有很多北极狐，我们是否也应该消灭北极狐，重新回到北极狐出现之前的自然环境中呢？如果我们要复原原住民大肆开发利用岛上资源之前的生态环境，我们是否还要消灭原住民，将岛屿恢复到原住民来到之前的自然状态？"

把人类从苔原中的栖息地迁出不是一个明智的选择。韦斯特想表达的观点是：在某种程度上恢复原始生态是不科学的。一些原本生活在苔原上的动物，如长毛猛犸象已经灭绝。人类无法把它们重新引入苔原。所以保护苔原的目标应该是尽可能减少额外的破坏，顺应苔原现状。

加拿大国家公园的生态系统科学家佩拉特（Marlow Pellatt）对此表示赞同。在 2014 年的一次演讲中，他提出减少使气候发生变化的温室气体排放是非常重要的。但他也指出，自 19 世纪以来，越来越多的二氧化碳已经被释放到空气中。这意味着如何适应气候变化需要成为保护行动的首要任务。

2100 年的阿拉斯加

如果对全球气候变暖不加干预，计算机建模预测：到 2100 年，阿拉斯加北部地区气候将变得更加湿润和温暖。这意味着当地会生长更多的草、灌木和更高的乔木。包括河流和湖泊在内的水生态系统将会变得更加生机勃勃，但随着气温升高导致蒸发量上升，可能会干涸。这些模型还预测因永久冻土融化导致陆地生态系统发生巨大变化，进而加剧苔原生态系统崩溃。

适应气候变化意味着放弃生态保护吗

奥尔（John All）博士是一名环境科学家和登山爱好者。在 2017 年的一次采访中，当被问及如何适应气候变化时，他回答道：“如果人们真的想完全阻止气候变化，全世界必须立即停止使用一切化石燃料。”奥尔博士认

美国政府的一份报告指出，86% 的阿拉斯加原住民的村庄正面临气候变化带来的生存危机。

Marmot

为这在近期是不可能发生的。相反，他认为可以做两件事：首先是找到减少化石燃料使用的方法。其次是认识到全球环境正在变化，人类需要适应气候变化。

奥尔博士进一步解释：人类不应该仅仅关注气候是如何变化的，更为重要的是总结人类如何适应了目前的气候条件，并在未来使用这些方法应对更为严重的气候变化。例如，中美洲居民应对频繁飓风来袭的宝贵经验能够帮助居住在北美洲，未来可能遭受更频繁飓风袭击的居民适应恶劣气候。

适应气候变化蓝图

适应不断变化的气候不应该出于一时冲动，应该遵循缜密和科学合理的过程。面向世界各地保护区生态保护的指导方案已经颁布。世界自然保护联盟与世界各地的环境组织和保护区合作，制定了适应气候变化的行动指南。该指南于 2016 年发布，被视为帮助保护区应对气候变化的最佳方法。

一些游客在苔原地区帮忙捡拾垃圾。

气候变化的危害日趋显著，人类不能自我毁灭。我们已经过于依赖化石燃料，需要找到一条通往未来的新的、可持续的道路。我们需要一场清洁的工业革命。

——潘基文，联合国秘书长，2011 年

为提高适应气候变化的成功率，指南提出了 5 个步骤。第一步：尽可能收集最佳方案的信息，确定有助于适应的方法，并制定应对气候变化的预案。第二步：衡量气候变化对哪些物种、生态系统和其他价值载体的威胁最大。第三步：相关组织必须选择自身将采取的行动，以协助保护区适应气候变化。第四步：按计划实施。第五步：分析总结这些计划的成败。在此基础上，受保护区域的管理者可以决定下一步采取的应对措施。这一指南可以作为适应不断变化的环境的路线图。

如果世界各国共同努力，那么把健康的苔原生态系统留给人类的子孙后代是可以实现的。

不确定性中保持乐观的原因

即使北极地区生态面临的压力与日俱增，我们仍有理由对保护北极生态持乐观态度。为保护当地原住民的文化和生活，保持其自身的自然价值和经济价值，当地保护区面积和立法都在发生变化。人们正在共同努力拯救受到威胁的苔原地区。

旨在保护北极生态的几个区域性组织已经成立。北欧部长理事会制定了一项保护北极行动计划，审查了五个北欧国家的生态保护区。北极是欧盟“自然 2000”计划中的受保护地区之一。“自然 2000”是世界上最大的保护区协调网络。它为 28 个欧盟国家所有最珍贵和濒危物种及栖息地提供保护。巴伦支欧洲—北极合作组织努力将俄罗斯西北部的保护区与斯堪的纳维亚半岛的巴伦支地区连接起来。1992—2017 年间，许多国家共同努力减缓气候变化。他们提出了降低温室气体排放的目标。尽管人们召开了各种国际会议、制定各种协议，试图减缓气候变化，但气候变化及其对苔原的影响仍在继续。

保护苔原将促进北极地松鼠等苔原动植物的生长。

成功保护苔原

在全球范围内，保护苔原环境的行动已经在持续取得成功。人类需求和自然价值之间的平衡可以实现，并且在特定范围内已经实现。保护苔原的关键是认识到问题并确定解决问题的有效方法。

保护苔原的另一个必要因素是合作。愿意倾听故事的另一面是很有必要的。国家、当地社区和个人能否公平对待整个地球和苔原，还是只关注国家或个人利益——这一问题尚未得到充分的解答。

因果关系

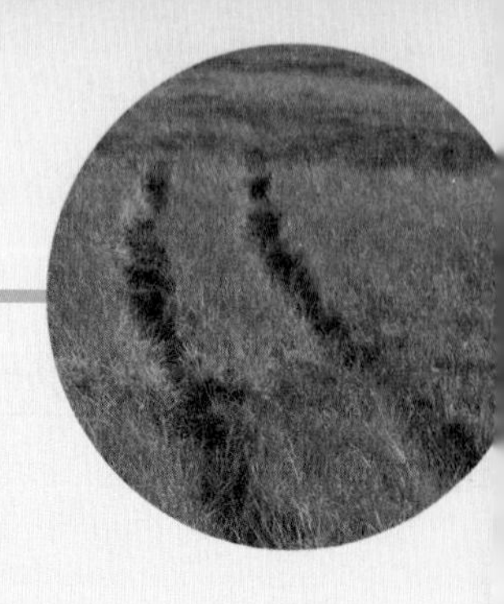

动植物受到破坏

气候变化

释放温室气体

在苔原上钻探和采矿

永久冻土融化

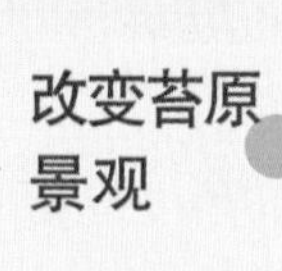

改变苔原景观

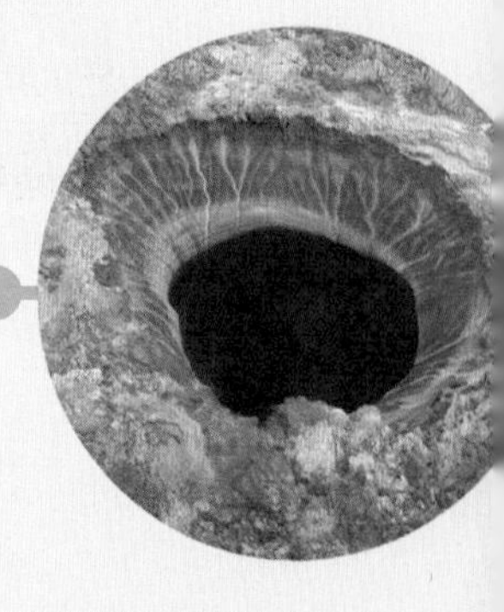

使人们流离失所

复原或恢复受损地区

防止破坏

抗击入侵物种

人类找到解决办法

制定应对气候变化的计划

找到适应的方法

基本事实

正在发生的事

自 19 世纪中叶以来，地球气温正在一点一点地上升。然而，苔原生态群落的温度上升速度约为世界其他地区的两倍。因此，一些苔原地区的永冻层正在融化。随着永冻层的融化，可能向大气中释放大量的二氧化碳和甲烷气体。这将加速气候变暖。与此同时，以苔原为家的动植物和人类正面临着越来越大的生存压力。

原因

造成苔原生态问题的主要原因有两个：一是温室气体排放造成的气候变化。第二个不为人知的原因是油气钻探和采矿作业对苔原脆弱的表层造成的破坏。

核心角色

- 加拿大、芬兰、冰岛、俄罗斯、挪威、丹麦、瑞典和美国正在通过北极理事会进行合作，找到解决苔原生态问题的方法。

- 这些国家已经制定了规则，并采取行动保护其境内的苔原。

- 联合国每年召开会议，鼓励全世界减少严重威胁苔原生态的温室气体排放。

修复措施

个别国家为防止苔原受到破坏，建立了国家公园和荒野保护区。在生态已经遭到破坏的地方，正在试图通过复原、修复和防范物种入侵等措施进行补救。当地、国家和国际层面的减缓气候变化的行动也在持续实施。

对未来的意义

科学家们预测：如果气候变化持续，海冰融化，海岸线会受到侵蚀，并出现极端天气模式。为减少今后的环境问题，必须立刻采取行动，开展国际合作。一些人认为，人类必须立刻开始规划，以适应在不久的将来发生的各种重大环境变化。

引述

北极地区是全球气候变化的晴雨表，是世界环境预警系统。

——特普弗尔，联合国环境规划署协行主任，2004 年

专业术语

适应

应对不同的环境。

合作

共同完成一个项目。

保护

自然环境的保留、保护或复原。

消减

通过杀死一些动物来控制一个种群个体物种的数量。

方言

在一个国家的特定地区或特定社会群体中使用的一种语言。

排放物

尤指气体或辐射物质产生或释放的产物。

灭绝

某一物种没有任何活着的个体存在。

食物网

由许多食物链组成的网状系统。

栖息地

生物生存的自然环境。

食草动物

以植物为食的动物。

体温过低

体温异常低的状态。

本土的

起源于或原产于某地。

乐观主义

对未来充满希望和信心。

永冻层

苔原生物群落特有的地表之下的永久冻土层。

积极主动的

在事情发生之前就采取行动，而不是等到事后再弥补。

回归自然

将一个区域恢复到其原始状态。

地震引起的

与地面震动相关的。

紫外线

电磁辐射的一种。

责任编辑 吴 昀
封面设计 杨 静

“修复我们的地球”丛书
走进苔原
[美]迈克尔·里根(MICHAEL REGAN) 著
董莉 王荣昌 译

出版发行 上海科技教育出版社有限公司
(上海市柳州路218号 邮政编码200235)
网　　址 www.ewen.co www.sste.com
经　　销 各地新华书店
印　　刷 常熟市文化印刷有限公司
开　　本 787×1092 1/16
印　　张 6.5
版　　次 2020年4月第1版
印　　次 2020年4月第1次印刷
书　　号 ISBN 978-7-5428-7174-9/N·1079
图　　字 09-2019-007号
定　　价 45.00元